中国科学院生物与化学专家 胡苹 编著

星蔚时代 编绘

哈！

看得见的生物

生物圈中的动物们

U0160608

中信出版集团 | 北京

图书在版编目（CIP）数据

生物圈中的动物们 / 胡苹编著；星蔚时代编绘 . --
北京：中信出版社，2024.8
（哈！看得见的生物）
ISBN 978-7-5217-6633-2

Ⅰ.①生… Ⅱ.①胡…②星… Ⅲ.①动物－儿童读
物 Ⅳ.① Q95-49

中国国家版本馆 CIP 数据核字 (2024) 第 103668 号

生物圈中的动物们
（哈！看得见的生物）

编 著 者：胡苹
编 绘 者：星蔚时代
出版发行：中信出版集团股份有限公司
　　　　　（北京市朝阳区东三环北路27号嘉铭中心　邮编 100020）
承 印 者：北京瑞禾彩色印刷有限公司

开　　本：889mm × 1194mm　1/16　　　印　　张：3　　　字　　数：130千字
版　　次：2024年8月第1版　　　　　　　印　　次：2024年8月第1次印刷
书　　号：ISBN 978-7-5217-6633-2
定　　价：88.00元（全4册）

出　　品：中信儿童书店
图书策划：喜阅童书
策划编辑：朱启铭 史曼菲
责任编辑：王宇洲
特约编辑：范丹青 杨爽
特约设计：张迪
插画绘制：周群诗 玄子 皮雪琦 杨利清
营　　销：中信童书营销中心
装帧设计：佟坤

目录

生命的起源

漫长的生物演化之旅

地球上生命的历史可以追溯到 38 亿年前，在原始的地球上诞生了一些类似细菌的生物。大约 19 亿年前，出现了简单的动物，它们朝着不同的方向发展，其中的一个分支不断进化，形成了我们熟知的无脊椎动物群与脊椎动物群。

动物的起源

动物起源是一个被科学界广泛持续讨论的课题，其中群体学说得到了广泛认可。人们认为，最开始的动物源于一群生活在一起的微生物，通过细胞间的协作完成移动和进食等简单的活动。

狄更逊虫

这种蠕虫就是无脊椎动物群与脊椎动物群的祖先。

这伟大的祖先长得还真是很随意呢。

水母

海绵

珊瑚

蠕虫

藻类

藻类是最早具有叶绿素的生物，它们可以通过光合作用制造出氧气。此时，藻类是地球上氧气的主要来源。

前寒武纪

5.41 亿年以前

原核生物开始多样化，真核生物和多细胞生物开始出现。

单细胞生物

最早的单细胞生物诞生在海洋中，因为当时地球上的紫外线过于强烈，海洋可以保护它们脆弱的身体。

寒武纪

5.41 亿 ～ 4.85 亿年前

海洋中出现了最早的脊椎动物，还演化出了更为丰富的藻类和无脊椎动物。在寒武纪出现了一次"物种大爆发"，诞生了很多节肢动物和软体动物。

软体动物

软体动物体内没有骨骼，一般可以分泌石灰质形成坚硬的外壳保护自己。

三叶虫

它是最著名又最古老的节肢动物，它的成长过程需要经历多次蜕皮。

昆明鱼

它是已知最早的原始脊椎动物之一，有一根贯穿全身的软骨支撑柔软的身体，这是生物进化的一大步。

奥陶纪

4.85 亿～ 4.43 亿年前

　　这一时期，皮肤粗糙的棘皮动物开始多样化，一些无颌脊椎动物——无颌鱼出现了。植物大概自此开始向陆地进发。

棘皮动物

　　海星是我们常见的棘皮动物。棘皮动物因表面皮肤粗糙而得名，具有很强的再生能力。

无颌鱼

　　这些鱼类没有可以开合的嘴，所以无法撕咬猎物。

志留纪

4.43 亿～ 4.19 亿年前

　　生命进一步向陆地进发，此时在陆地上出现了节肢动物、现代真菌和真正的陆地植物。鱼类也开始进化出可以撕咬的嘴，成为有颌鱼。

裸蕨

　　裸蕨是真正的陆地植物，尽管它们没有真正的根、茎、叶，但有与根、茎、叶相似的结构，可以从地下吸取水分。

肢口动物——翼肢鲎

　　这种动物是当时海洋中的"王者"，拥有八条对称的脚，体形巨大。

盾皮鱼

　　以盾皮鱼为代表的有颌鱼的出现，标志着真正鱼类的诞生。

蜚蠊

骨鳞鱼

裂口鲨

泥盆纪

4.19 亿～ 3.59 亿年前

　　鱼类在这一时期多样发展，出现了两栖动物的祖先。不过在这一时期末，又出现了一次大规模生物灭绝。

邓氏鱼

　　它是这一时期海洋中的霸主，拥有长达 10 米的体格和有力的下颌。

物种大灭绝

在生物进化的历程中，地球曾经发生过数次毁灭性的灾难。这些灾难都造成了地球上过半物种的灭绝。奥陶纪末期，海平面巨变，世界上 85% 的物种灭绝。泥盆纪后期，水中的含氧量急剧下降，70% 的物种因为无法适应环境而灭绝。在二叠纪也出现了类似的情况，造成了 80% 的物种灭绝，是人类已知最严重的一次物种灭绝。到白垩纪末期，发生了我们最熟悉的一次物种灭绝，75% 的物种消失，其中包括恐龙。

> 关于白垩纪的物种灭绝，目前有两种说法，一种是因为地球上火山爆发，另一种是因为陨石撞击。

> 没想到你跑得这么快!

石炭纪

3.59 亿～ 2.99 亿年前

这一时期两栖动物的种类变得更加丰富，出现了早期的爬行动物。在陆地上有各种大型昆虫、大型蕨类植物、裸子植物。

巨脉蜻蜓

杯鼻龙

单弓兽

蚰螈

海纳螈

原始蜈蚣
因为长期生活在昏暗的环境，原始蜈蚣的眼睛逐渐退化。

鹦鹉螺

克劳迪欧蜥

中龙

二叠纪

2.99 亿～ 2.52 亿年前

二叠纪时期，鱼类、爬行动物增多而两栖动物减少，并且爬行动物的体形变得越来越大。

二叠纪末期发生了一场环境巨变，造成了地球历史上规模最大的一次生物灭绝。科学家推测造成这次灭绝的原因可能是海底火山爆发或陨星撞击地球等。

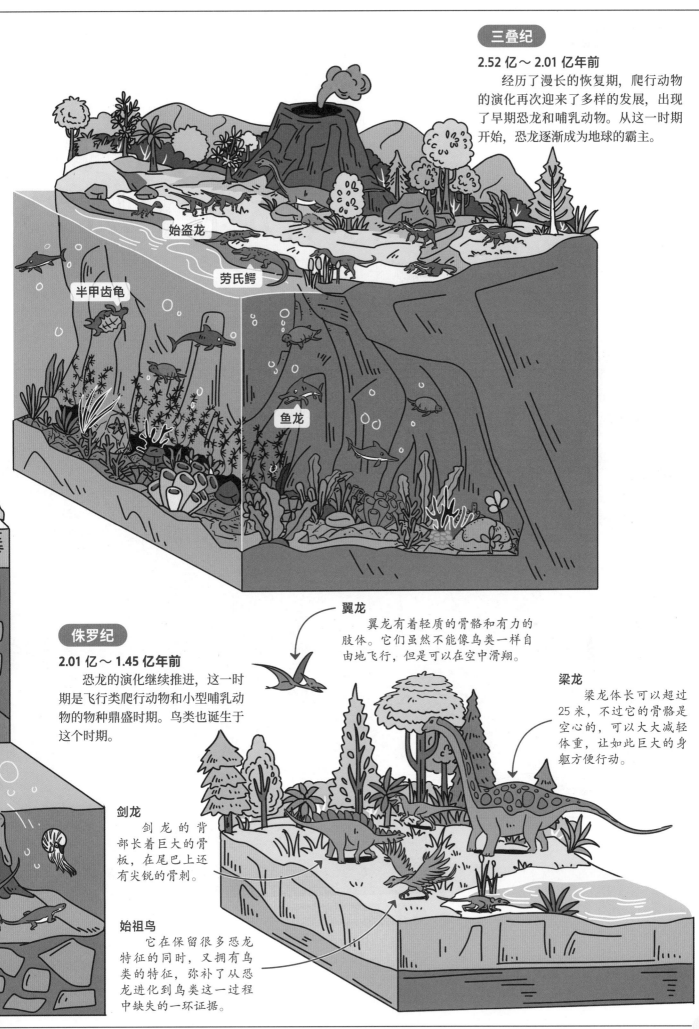

三叠纪

2.52 亿～ 2.01 亿年前

经历了漫长的恢复期，爬行动物的演化再次迎来了多样的发展，出现了早期恐龙和哺乳动物。从这一时期开始，恐龙逐渐成为地球的霸主。

始盗龙

半甲齿龟

劳氏鳄

鱼龙

侏罗纪

2.01 亿～ 1.45 亿年前

恐龙的演化继续推进，这一时期是飞行类爬行动物和小型哺乳动物的物种鼎盛时期。鸟类也诞生于这个时期。

翼龙

翼龙有着轻质的骨骼和有力的肢体。它们虽然不能像鸟类一样自由地飞行，但是可以在空中滑翔。

梁龙

梁龙体长可以超过25 米，不过它的骨骼是空心的，可以大大减轻体重，让如此巨大的身躯方便行动。

剑龙

剑龙的背部长着巨大的骨板，在尾巴上还有尖锐的骨刺。

始祖鸟

它在保留很多恐龙特征的同时，又拥有鸟类的特征，弥补了从恐龙进化到鸟类这一过程中缺失的一环证据。

达尔文的进化论

在过去，人们曾为物种从何而来争论不休。很多人认为物种是不变的，比如马从诞生之初就是马，牛从一开始就是牛，两者没有任何关联。后来，英国生物学家达尔文通过大量研究发现，不同生物之间有相似的结构，而现代生物又与古生物存在联系。

哇，过去的马原来像狗一样大。

我们无法穿越到远古，不过从化石上可以还原古生物的形象。

白垩纪

1.45 亿～6 600 万年前

恐龙的种类丰富多样，出现了很多造型独特的著名恐龙。同时鸟类和哺乳动物的种类增多。在这一时期的末期发生了著名的白垩纪物种大灭绝。

孔子鸟

甲龙

霸王龙
体长约 13 米，高约 6 米，是名副其实的陆上霸王。

肿头龙

恐鳄
它是地球上出现过的大型爬行动物，体长可达 10 米。

三角龙
三角龙是一种出现较晚的恐龙，它们可以用头部的骨盾和骨刺保护自己。

电鳗
电鳗会产生电来对抗敌人。

沧龙
沧龙体长可达 15 米，巨大的嘴和可以高速游动的身体让它成了其他海洋生物的噩梦。

白垩纪物种大灭绝

很多科学家认为是一颗陨星造成了白垩纪末期的物种大灭绝。人们在墨西哥的尤卡坦半岛发现了一个巨大的陨星坑。据推测，造成这个陨星坑的物体撞击地球，可以产生高达 150 米温度达 500 ℃的海浪，这对于任何生物而言都是毁灭性的打击。

古近纪

6 600 万～2 300 万年前
　　从古近纪开始，地球步入新生代。这个时期哺乳动物快速发展，出现了灵长类动物。大量有花类植物高度繁盛。

翼手目

古中兽
　　恐龙灭绝之后，真兽类的动物很快繁盛起来。古中兽拥有灵活的脚踝，便于它们挖洞和捕食猎物。

始祖马
　　它是现代很多植食动物的祖先，不过这时的它们还没有蹄子，而是一个个分开的脚趾。

恐鹤

安氏中兽

犬熊
　　它具有狼、熊和狮子的身体特点。

鲤形目
　　这一时代的鲤形目鱼类是现代鲤鱼的祖先。

泰坦巨蚺
　　这种巨大的蛇类可以长到 16 米，是可怕的巨兽。

森林古猿
　　科学家普遍相信它们是人类的祖先。

新近纪

2 300 万～260 万年前
　　人类的祖先在这一时期出现。袋鼠、长颈鹿等一些现代哺乳动物也开始出现。

长颈鹿

袋剑齿虎
　　它是一种凶猛的有袋类动物，但并不属于猫科，它只是外观很像剑齿虎。

剑齿虎
　　剑齿虎这一猫科生物诞生后，迅速成为当时最厉害的捕食者。

智人

猛犸象
　　大约在 260 万年前，地球进入了一个冰河期，气温下降。当时的很多动物都进化出了厚厚的皮毛，其中就包括猛犸象。

第四纪

260 万年前至今
　　我们现在生活的时期也属于第四纪。第四纪中，现代人类的祖先智人开始散布全球。

不同的家园，不同的生物

我发现一件有趣的事，热带竟然也有企鹅!

我以为企鹅只能生活在寒冷的地方呢。

哦，这是加岛环企鹅，唯一一种生活在热带的企鹅。

比如它们会露出脚来散热，它甚至还会像狗一样加速呼吸，让体内的热量更容易散出去。

生物会适应环境，进化出一些本领，加岛环企鹅就有一些可以让它们生活在热带的技巧。

真是一方水土，养育一方"动物"呢。

没错，生物与它所处的环境关系非常紧密，并构成了生态圈。

食物链你知道吗?

比如在极地的环境中，物种间的食物链关系是这样的。

食物链?

生物的生存离不开合适的环境，比如适宜的温度、充足的阳光和水。

一只北极熊一年要吃掉几十只海豹。

一只海豹每年要吃掉数千条鱼。

鱼类要吃掉无数的浮游动物。

浮游动物会吃掉无数的浮游植物。

浮游植物通过光合作用制造养分。

结构简单的小生命——
腔肠动物和扁形动物

你在做什么?

不能安静一会儿吗?

难得来海边,一起玩吧。

我在等一只被海水冲上岸的海葵。

那是什么?海里的葵花吗?

等着也是等着,那我就给你介绍一下吧。

好呀!

海葵是一种生长在海水中的腔肠动物,它们没有骨骼,依靠分泌的黏液,固定在岩石、木桩、贝壳上。

为什么叫腔肠动物呢?

因为它拥有消化腔,可以消化食物。不过它没有肛门,所以食物残渣还会从口里吐出去。

这听起来有点恶心啊。

其实它很好看呢。

这就是海葵。

长得还真像一朵花。

看见没,大自然孕育出来的生物多样而神奇。

给我多讲讲吧。

你看海葵有很多触手,它就是用这些触手捕食的。辐射状对称的身体构造,可以让它轻易地感知周围环境。

可是,这个触手看上去很容易断裂呀。

这你就不用担心了,它们捕捉的猎物也是非常小的,而且它们的触手带有毒液,可以用来麻醉猎物!

好厉害。

一般情况下，海葵会将精子和卵子直接释放在海水中，然后令它们随机结合变成幼年的小海葵。

除了海葵之外，其他腔肠动物也很有趣，比如水螅。别看它特别小，还会用毒素来捕食呢。

垂唇 口
触手
消化循环腔
芽体
卵巢
卵细胞
基盘

除了腔肠动物，还有其他奇怪的动物吗？

当然有，我带你去找找看。

这里没发现什么啊？

因为这种奇特的生物太小了，需要咱们带点样品回去，用显微镜观察。

扁形动物都是左右对称的，它的头部可以轻松感受到外界的变化。

看，这就是扁形虫，是一种扁形动物。

它也是有口无肛门的吗？

是的，但是扁形动物是有肠的。它能够把食物吞到身体里，然后在肠里消化食物。

大自然真的很神奇。

哈哈哈。

不过，认识了这些动物之后，我第一次感觉到不用嘴进行排泄真是太幸运了。

腔肠动物、扁形动物与人类的关系

腔肠动物是一种结构非常简单的多细胞动物，它们多数都生活在大海中。扁形动物背腹部都是扁平的，它们一般生活在淡水中。

美味的海蜇

海蜇是水母的一种，它们的再生能力非常强，身体出现损伤后可以重新长出来。同时，海蜇能够与其他生物一起生活，比如水母虾和玉鲳。海蜇充当这些生物的"保护伞"，而它们反过来成了海蜇的"眼睛"。

我们身边的腔肠动物和扁形动物多吗？

嗯，它们十分常见，而且这两种动物也常常和人类打交道。

聪明的水母

水母是海洋中常见的腔肠动物，它们大多都撑着一把美丽的"伞"。水母的触手上会有一种叫"听石"的器官，这是水母的"耳朵"。通过它，水母能快速捕捉到海浪与空气摩擦的声波，以躲避风暴。

有毒的水母

很多水母都具有毒性，像花笠水母、北极霞水母、僧帽水母、澳大利亚箱形水母等等，它们都具有极强的毒性。

美丽的珊瑚

珊瑚中生活着无数珊瑚虫，珊瑚虫会不断分泌一种物质——石灰质骨骼，这些骨骼同珊瑚虫一起形成了珊瑚。

如果在溪水中玩耍时被钉螺扎伤，就可能感染血吸虫。

会使人生病的猪肉绦虫

绦虫是非常可怕的寄生虫，它们是白色长带状的，这种扁形动物会寄生在猪肉里。人类也可能因为吃了被寄生的猪肉而感染。

绦虫寄生在人体的皮下或是肌肉中时，人体肌肉会感到酸痛无力。

当绦虫寄生在人类大脑中时，人们可能会表现出癫痫等症状，同时也会产生记忆力衰退、头疼头晕等问题。

如果绦虫寄生在人类眼中，就会造成眼内组织发生变化，甚至视网膜脱落。

可怕的血吸虫

血吸虫全部都是靠寄生生存的，钉螺是血吸虫唯一的中间宿主。如果血吸虫寄生在人类身上会导致肝脾肿大、腹水，使人失去劳动能力，最严重时还会令人失去生命。

血吸虫

血吸虫虫卵

造型独特的动物——
线形动物与环节动物

不好啦！不好啦！我可能肚子里长蛔虫啦！

怎么回事，你冷静一点。

哈，原来是这样，不过你吃得下睡得好，现在身体棒棒的，看上去没有长蛔虫。

我今天听见有个妈妈在教训她的孩子说："你要是再不讲卫生，小心肚子里长蛔虫！"我早上没洗手就吃东西，不会长蛔虫吧？

蛔虫是什么？听起来很可怕呢。

蛔虫确实是一种比较令人反感的动物。

蛔虫是线形动物，因为它的身体像线一样细细长长的。

好恶心。

蛔虫的纵剖结构

- 口
- 咽
- 小肠
- 体壁
- 生殖器官
- 肛门

蛔虫自身并没有捕食的能力，所以它需要寄生在动物身体里，比如人类的小肠里。

这些虫卵会随着粪便被人们排出体内。但如果有人吃下了沾着蛔虫卵的东西，那么就会被蛔虫寄生。

蛔虫是雌雄异体的动物，成虫可以在人体肠道内交配后产卵。

它真的很坏呀。

儿童感染蛔虫的概率比成年人大得多，所以一定要注意卫生，饭前便后洗手。

生态圈中的线形动物与环节动物

线形动物大致可以分为三大类。自由生活的线形动物大多生活在海底；寄生生活的线形动物寄生在动植物的身体里，以获得生长所需的营养物质；腐生生活的线形动物往往生活在生物残骸中生长繁殖。

环节动物大约有 1.7 万种，是分节的蠕形动物，身体是圆筒状的，它们有的依靠刚毛辅助运动，有的则依靠身体表面凸出的疣足来移动。

成虫在淋巴结中发育成熟

繁殖出的幼虫进入循环系统

幼虫进入淋巴系统

白天活动较弱

夜间活动频繁

感染者

人体丝虫寄生过程

外周血液

健康者

感染性幼虫通过叮咬进入人体

蚊体内

蚊子叮咬感染者，这些幼虫进入蚊胃

钩虫

钩虫是一种能够寄生在人类消化道中的线形动物，会引起贫血等相关症状。

丝虫

丝虫寄生到蚊虫体内后，通过蚊虫叮咬进入人体，导致人体淋巴肿大，发烧。

你小心点，不要伤到它。

嗯，我这就帮蚯蚓返回到土壤里。

秀丽隐杆线虫

秀丽隐杆线虫是一种线形动物，以土壤中的细菌为食，对人类的身体健康没有影响。

海洋线虫

海洋线虫是海洋中数量最多、分布最广的海洋小型动物，是一种自由生活的线形动物。它们的形状大多为圆柱形和细长形，主要生活在海洋沉积物和海藻中。

吸血的山蛭

山蛭也叫"山蚂蟥"，是环节动物的一种，通常生活在南方潮湿的山区草地中，当有人经过时，就会钻到人体皮肤里面吸血。

生活在海水中的沙蚕

沙蚕是环节动物的一种，依靠疣足和环节在海水中游动，并生长着有毒的刚毛。沙蚕具有很高的营养价值，是鱼、虾、蟹养殖业上好的饲料原料。中国常见的沙蚕有黄金刺沙蚕、双齿围沙蚕等。

可怕的水蛭

水蛭又叫蚂蟥，是环节动物的一种，雌雄同体。水蛭常以稻田溪流作为自己的栖息地，利用自己的吸盘附着到动物身上吸血。

柔软的身体，坚硬的家——软体动物

看哪，这里有一只蜗牛。

大惊小怪，蜗牛有什么好稀奇的。

蜗牛和蚯蚓是一类动物吗？

当然不是，蜗牛是软体动物。

蜗牛其实是陆地上众多有壳软体动物的一种统称，因为这类生物在身体构造上都极其相似：它们都有柔软的身体，还有一个富含碳酸钙的硬壳。

壳
肝脏
肺
肛门
眼
触角
脑神经节
唾液导管
口腔
胃
肾
外套膜
心脏
生殖孔
足

它们背着这么重的壳不累吗？

怎么会呢？其实蜗牛的壳就相当于它的家了，只要有天敌出现，蜗牛就会立马缩进家中保护自己的安全。

哎，可是你看看，蜗牛背着房子走路多累呀，流了一地的汗水。

这么说起来，蜗牛这一物种可真棒，它们身上就自带了房子。

哈哈，这可不是蜗牛的汗水，这是蜗牛分泌的黏液。

蜗牛分泌黏液可以帮助自己爬行，还可以使自己的皮肤变得湿润。

咦，蜗牛呢？

在叶子背面呢。

蜗牛喜欢阴暗潮湿的地方，它爬到叶子背面就是为了防止太阳直射。

那蜗牛吃什么呢?

大部分蜗牛都以植物叶子和嫩芽为食,也有一部分蜗牛是吃肉的,它们会食用其他的蜗牛或蚯蚓。

这么多蜗牛是哪儿来的?

每年的5至11月都是蜗牛求偶的季节。

但是,蜗牛妈妈不会立即产卵,而是会等到一个合适的季节再产卵。

蜗牛与我们鸟类动物还有哺乳动物的差异真的很大呀。

对啊,我们虽然没有便携的房子,但是有骨骼。

消化系统

外套腔

脑

口

心脏

生殖腺

鳃

体管

章鱼的身体结构

除了蜗牛之外,章鱼、贝类、螺类都是常见的软体动物。

听起来都是好吃的东西。

一些软体动物确实能够食用,它们的营养价值很高,味道也非常鲜美。法国菜中就经常用蜗牛做原料。

在食物里加蜗牛?下次我一定尝尝。

21

到哪里寻找软体动物

软体动物是一种生命力非常顽强的动物，现存种类超过十万种。它们的足迹遍布整个地球，无论是炎热的热带大陆还是冰冷的南北极，都能够看到软体动物的身影。

美丽的白玉蜗牛

白玉蜗牛是我国经过科学研究，精心培养出来的一种蜗牛，它肉质鲜美，可以说是一种完美的食用性蜗牛。

最长寿的北极蛤

北极蛤又叫冰岛鸟蛤，主要分布在北大西洋靠近北极的冰冷海域，一般生活在泥沙上。因为北极蛤生长速度极为缓慢，所以它的寿命非常长，有的可以达到 500 年。

巨大无比的大王乌贼

大王乌贼一般生活在水深 200 米到 400 米的海水中，成年的大王乌贼大约有 13 米长，是名副其实的"巨人"。

会喷墨汁的乌贼

乌贼是一种很有趣的动物，它身体的颜色会随着情绪而发生变化，在遇到危险时还会喷出"墨汁"来逃命。

生活在热带的非洲大蜗牛

非洲大蜗牛的食谱非常广泛,包括花卉、蔬果等农作物,饥饿的时候可以吃纸张和同伴的身体。非洲大蜗牛是很多寄生虫与病菌的中间宿主,危害极大。

奇怪的蛞蝓

蛞蝓与蜗牛很像,但是没有坚硬的外壳。它们和蜗牛是软体动物中数量最多的群体。

软体动物真是神秘又多彩,奇怪的外观下,还有不少本领。

海兔

海兔也叫海蛞蝓,种类很多,通常具有美丽的外表。

拟态章鱼

它可以通过改变颜色来模拟其他动物或岩石。

水稻杀手福寿螺

福寿螺喜欢生活在水质良好、食物充足的淡水中。它的体内存在大量寄生虫,人一旦接触它,就有可能受到寄生虫和病菌的威胁。在中国,福寿螺是一种外来入侵物种,它不仅会破坏生态平衡,还喜欢吃像水稻这样鲜嫩多汁的植物,对农业危害性很强。

外壳硬硬的节肢动物

你扑这个蝴蝶干什么……

这大概是我作为猫的本性吧。

好吧。

那我给你讲讲蝴蝶所属的节肢动物吧。

节肢动物有着对称的身体，因为身体和足可以分节，被称为节肢动物。它们体内没有骨骼，体外有一层较为坚硬的外骨骼。

哦，就好像铠甲一样。

你还不如给我讲讲别的东西，分散注意力。

蝴蝶的身体好像也是一节一节的，它的翅膀就像鲜花一样美丽。

现在我们看见的能飞的蝴蝶都是成虫，如果你仔细观察还能够看见蝴蝶翅膀上长着鳞片。

它这是在干什么呢？

它在进食呢。蝴蝶成虫最爱吃花朵中的花蜜了。

真的呀，但鳞片不会影响它飞行吗？

难道蝴蝶的幼虫不吃花蜜吗？

当然不会了。这些鳞片很有用，比如可以为蝴蝶提供伪装，躲避捕食者的追击。

幼虫吃的东西与成虫完全不一样。

这就是蝴蝶的幼虫，你看它在吃植物的叶子。为了能吃植物，它的口器，也就是嘴，也与成虫不同。

节肢动物的口器有很多种吗？

对，蝴蝶幼虫是典型的咀嚼式口器。

咀嚼式

虹吸式

舐吸式

嚼吸式

刺吸式

光是节肢动物中的昆虫，就有虹吸式、舐吸式、咀嚼式、嚼吸式、刺吸式等不同类型的口器。

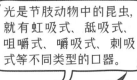

不仅是口器，蝴蝶的幼虫看起来和成虫一点都不像啊。

因为幼虫还要进行二次发育才能成为美丽的蝴蝶。

蝴蝶的幼虫成熟后会先变成蛹，经过一段时间后，漂亮的蝴蝶才能从中破壳而出。

哇！

蜘蛛也是节肢动物哟。

吓死我了，那蜘蛛也是昆虫吧。

哈哈，昆虫是节肢动物，但是节肢动物不一定是昆虫。

我有点晕了。

昆虫是节肢动物的一种，它们的身体一般分为头、胸、腹三部分，有六条腿，并且成虫大部分都有翅膀。

头　胸　腹

你看，蜘蛛身上长有八条腿，所以它不是昆虫。

真是个陷阱高手。

我们常见的虾和螃蟹也是节肢动物，那些你就不会错认为是昆虫了吧。

原来节肢动物还可以做成美食。

地球上种类最多的动物

节肢动物是一种地球上种类和数量最多，并且分布最广的动物。它们的生活环境多种多样，是我们最容易接触到的动物之一。

蚂蚁是节肢动物中非常重要的一种，它们的生存能力非常强，是世界上最常见的昆虫。蚂蚁具有很强的社会性，它们分工非常明确，可以依靠群体的力量高效繁衍生存。

采蜜的蜜蜂

蜜蜂也是一种社会性很强的昆虫，它们会外出采蜜，回到蜂巢来喂养蜂巢中的幼虫。

人类很早就学会了养蜂，从蜂巢中获得蜂蜜。同时，饲养蜜蜂还能帮助农作物授粉，提高农作物产量。养蜂的蜂农有时也会向蜂巢中补充含糖浆的饲料，帮助蜜蜂度过缺少食物的冬天。

多足的蜈蚣

样貌可怕的蜈蚣具有一定的毒性。蜈蚣的身体又扁又长，有很多的脚。想象一下，如果蜈蚣也需要穿鞋子的话，它得几点起床才能不迟到？

勤奋织网的蜘蛛

蜘蛛是一种很常见的节肢动物，很多的蜘蛛都带有毒素，因此尽量不要跟它们产生接触。虽然生活中蜘蛛网很常见，但并不是所有的蜘蛛都会结网。

讨厌的蚊子

如果问夏天最讨厌的动物是什么，大概很多人都会回答蚊子。雌性蚊子需要吸血来产卵，常常会叮咬我们的皮肤，获取血液。而蚊子吸血时产生的防止血液凝固的分泌物会让人感到很痒，并且在这个过程中还可能会传播疾病。

从远古到现今，节肢动物始终活跃在地球这个美丽的大舞台上，演化出众多不同的种类。

有软壳的虾

虾、龙虾和蜘蛛蟹等动物都属于节肢动物中的软甲纲。它们大多生活在水中，有两对触角，一般都是通过鳃呼吸。

远古时期的三叶虫

三叶虫是一种生活在远古时期的节肢动物，大概在距今 2.4 亿年前灭绝了。现在，科学家时常能够挖掘出完整的三叶虫化石。三叶虫的生命力极其顽强，在漫长的时间里演化出多种多样的物种，比如球接子目、莱得利基虫目等。

世界上最古老的脊椎动物

栖息在水中的鱼类

鱼类是世界上最古老的脊椎动物，一直在向我们展示生命的顽强与美丽。鱼类可以在几乎所有的水生环境里生存，无论是淡水的湖泊河流，还是咸水的大海大洋，都有鱼类遨游其中。鱼类还有多姿的造型和多彩的外表，把水下世界装点得绚丽多彩。

能够恒温的月亮鱼

大部分鱼类都是变温动物，但是也有例外。月亮鱼作为深海里的"暖男"，便是鱼类中少有的恒温鱼类。月亮鱼的身体扁平，一半呈现蓝色，一半则是浅浅的玫瑰红色，它生活在温暖的海水里，是一种很珍贵的鱼类。

泥滩上的弹涂鱼

弹涂鱼喜欢栖息在河口、港湾等淤泥滩涂处。每当潮水涨起，弹涂鱼就钻进自己挖好的洞穴里，潮水退去后就在泥潭里到处寻找海藻作为食物。大部分的鱼类在陆地上会因为缺氧而死去，但弹涂鱼可以通过皮肤和口腔呼吸，所以能够在陆地上生活一段时间。

它也证明了鱼类确实可以在陆地生活。

能在陆地上活动的鱼，真是个奇怪的家伙。

生命力顽强的肺鱼

肺鱼是一种淡水鱼，在远古时期曾大量繁殖，现在数量逐渐稀少，可以说是"活化石"。肺鱼，顾名思义，它可以用肺来呼吸。它在水中用鳃呼吸，在陆地上就变成了用肺呼吸，两套不同的呼吸方式使肺鱼的生存能力大大增强。

非洲的肺鱼在雨季繁殖，在旱季休眠。有时候一些有肺鱼休眠的泥浆会被当作建筑材料。传闻有一些肺鱼在被砌进墙里四年后，经雨水冲刷仍然能继续存活。

生活在深海的皇带鱼

皇带鱼是世界上最长的硬骨鱼，它们性情凶猛，并且还有吃掉同类的习惯。皇带鱼捕猎的时候会让自己的身体笔直地竖立，只要有鱼类经过，就会像弹簧一样弹射出去，一口咬住猎物。皇带鱼一般生活在深海里，有时会游上浅海。

草鱼　　　　青鱼

鲢鱼　　　　鳙鱼

美味的金枪鱼

金枪鱼的营养价值很高，因此成了一种被大量捕捞的鱼类，这导致了部分种类的金枪鱼濒临灭绝的局面。

我国著名的"四大家鱼"

你知道我国著名的四大家鱼有哪些吗？它们分别是草鱼（鲩）、青鱼、鲢和鳙。四大家鱼依靠其丰富的营养价值、鲜美的滋味在我国漫长的历史中留下了浓墨重彩的一笔。

鱼类作为最古老的脊椎动物，经受过各种各样的环境变化，值得我们尊敬。

作为一只猫，你能这么崇拜鱼，也是很厉害啊。

半恒温的金枪鱼

金枪鱼是水中的运动健将，它可以不停地高速游动，因为它这种好动的性格，金枪鱼可以让自己的体温略微高于水温，成为一种半恒温的鱼类。

光秃秃的两栖动物与爬行动物

听，这是夏天的声音。

没错，这是青蛙合唱团正在池塘边开夏季演唱会。

青蛙真是一种常见的动物，总在水边看到它。

青蛙是一种两栖动物，既能在水里生活，也能在陆地上生活。

它们小的时候是可爱的小蝌蚪。

小小的蝌蚪也能在陆地上生活吗？

不行，蝌蚪在陆地上无法呼吸，所以只能生活在淡水里。

等到蝌蚪慢慢长大，它的尾巴也会慢慢消失，最后变成真正的青蛙。

蝌蚪和青蛙长相差别好大！

这是蛙类的特殊本领，叫变态发育。在这个过程中，蝌蚪不仅会长出四肢，还会从用鳃呼吸变成用肺和皮肤呼吸，这样就能适应陆地的生活了。

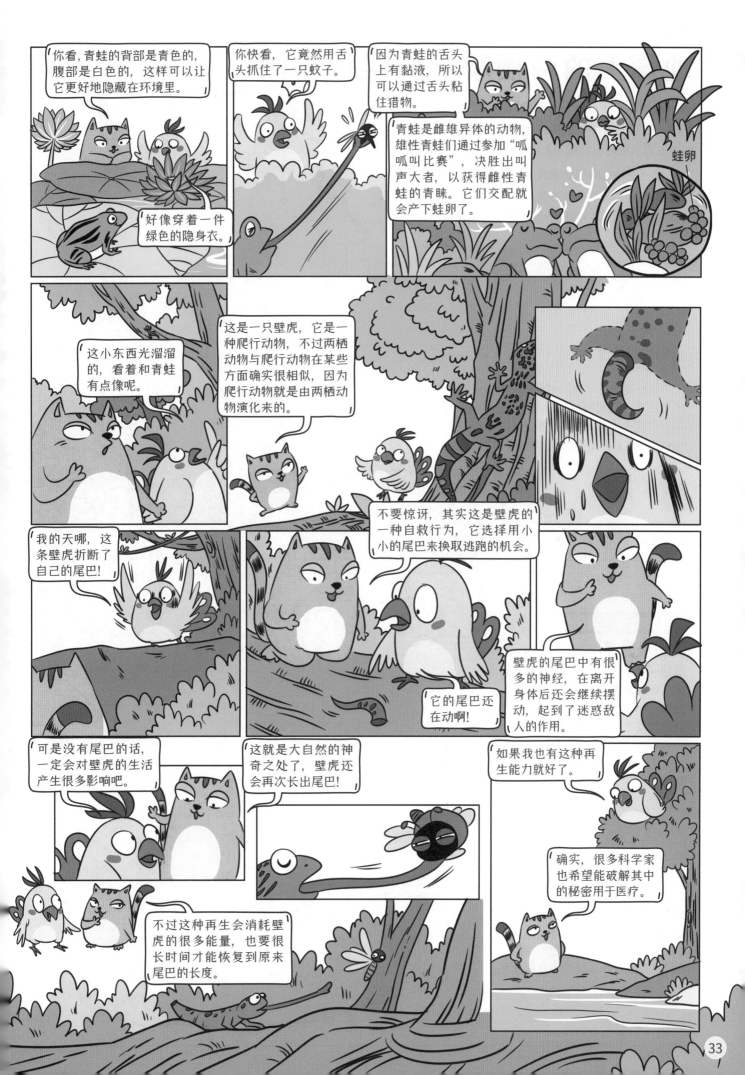

你看，青蛙的背部是青色的，腹部是白色的，这样可以让它更好地隐藏在环境里。

好像穿着一件绿色的隐身衣。

你快看，它竟然用舌头抓住了一只蚊子。

因为青蛙的舌头上有黏液，所以可以通过舌头粘住猎物。

青蛙是雌雄异体的动物，雄性青蛙们通过参加"呱呱叫比赛"，决胜出叫声大者，以获得雌性青蛙的青睐。它们交配就会产下蛙卵了。

蛙卵

这小东西光溜溜的，看着和青蛙有点像呢。

这是一只壁虎，它是一种爬行动物，不过两栖动物与爬行动物在某些方面确实很相似，因为爬行动物就是由两栖动物演化来的。

我的天哪，这条壁虎折断了自己的尾巴！

它的尾巴还在动啊！

不要惊讶，其实这是壁虎的一种自救行为，它选择用小小的尾巴来换取逃跑的机会。

壁虎的尾巴中有很多的神经，在离开身体后还会继续摆动，起到了迷惑敌人的作用。

可是没有尾巴的话，一定会对壁虎的生活产生很多影响吧。

这就是大自然的神奇之处了，壁虎还会再次长出尾巴！

不过这种再生会消耗壁虎的很多能量，也要很长时间才能恢复到原来尾巴的长度。

如果我也有这种再生能力就好了。

确实，很多科学家也希望能破解其中的秘密用于医疗。

地球上的两栖动物与爬行动物

　　两栖动物是一种变温动物，地球上大概现存 4 000 多种。它们在发育过程中都会发生变态发育，即幼体在水中生活用鳃呼吸，经变态发育后改用肺或皮肤呼吸。

　　爬行动物由两栖动物演化而来，同样属于变温动物，是真正适应了陆地生活的物种。目前地球上大概生活着 6 300 种爬行动物，它们的生活环境也各不相同。

高声歌唱的雨蛙

　　雨蛙是两栖动物，它们白天潜伏在石缝里或者小洞里，夜晚栖息在灌木里。它们以昆虫为食，可以帮助人们消灭农田里的害虫。在繁殖季节，雨蛙们喜欢放声歌唱，是天生的歌唱家。

会发出婴儿哭声的大鲵

　　大鲵属于两栖动物，它的皮肤只有黏膜没有鳞片，一般居住在河流湖泊的石缝或者岩洞里，大鲵的叫声像婴儿一样，所以又被称为"娃娃鱼"。

在海水中灵活无比的海鬣蜥

　　海鬣蜥是一种爬行动物，主要生活在科隆群岛上。它们的尾巴很长，能够很灵活地在海中游泳寻找食物。海鬣蜥的全身都是深灰色的，但是求偶期的海鬣蜥身体颜色会变成黑色，并长出颜色鲜艳的斑点。

陆龟和海龟

龟类是爬行动物，拥有坚硬的甲壳来保护自己，这些甲壳是它们骨骼的一部分。每种龟都有自己独特的甲壳形状，这与它们的生活环境有关。比如象龟的体形就非常大，从脚到龟壳顶端的高度可以超过1米。

相比笨拙的陆龟，水中的海龟都是敏捷的游泳健将。海龟可分为草食、肉食、杂食三种，由于"食谱"不同，它们的嘴也长得不同。

长相古怪的蟾蜍

作为两栖动物的一种，蟾蜍更喜欢栖息在潮湿的草丛、泥穴和石头底下。蟾蜍体表有很多疙瘩，里面充满了毒腺。

可怕的鳄鱼

鳄鱼是一种古老的爬行动物，它们的生命力非常顽强，全球各地都有它们活跃的身影。鳄鱼平时栖息在湖泊沼泽等潮湿地带，捕食的时候喜欢潜伏在水面下出其不意地袭击猎物。鳄鱼的攻击力比较强，所以我们要远离栖息着鳄鱼的湖泊沼泽地带。

扭动的蛇

蛇是爬行动物中演化最迟的物种，它们体形细长，没有腿部，主要依靠鳞片的摩擦进行"S"形的运动。大部分的蛇都具有毒腺，比如著名的黑曼巴蛇。

曾经称霸地球的恐龙

在很久以前，我们的地球生活着大量爬行动物，它们有着庞大的身躯和令人敬畏的外形，人们称它们为恐龙。假如恐龙一直没有灭绝，那么世界会是什么样子呢？生命的演化过程既神奇，又充满偶然，我们能做的就是敬畏自然，探索自然。

阿根廷龙

阿根廷龙是目前发现的地球上生活过的最大的陆地恐龙之一，身高 10 米，体长能够达到 42 米，它的体重大概有 90 吨，相当于 20 头大象的重量。阿根廷龙是一种植食性恐龙，它可以通过自己长长的脖子吃到远高于地面的蕨类植物的叶子。

威武的霸王龙

霸王龙又叫暴龙，生活在距今 6 800 万年到 6 600 万年的白垩纪晚期。霸王龙的体长能够达到 14 米，体重在 14 吨左右，是肉食性恐龙中咬合力最强的。作为白垩纪晚期的食物链顶端物种，当时北美洲所有的恐龙几乎都是霸王龙的捕猎对象。

哇,好大的恐龙。

别看阿根廷龙这么大块头，它可是素食主义者。

萨斯特鱼龙

萨斯特鱼龙生活在 2 亿年前的三叠纪晚期，是目前发现的地球上生活过的体形最大的海洋爬行动物。西卡尼萨斯特鱼龙体长可达 21 米，身体重量超过 75 吨。

海洋里的上龙

上龙是一种海洋爬行生物，生活在 2 亿年前到 1.45 亿年前。上龙的脖子很短，脑袋却非常大。上龙的长度可超过 10 米，就像一条小船一样。

长相奇怪的剑龙

剑龙是一种长相很奇怪的植食性恐龙，它身材巨大，背上长着两排巨大的骨板，尾巴上长着四根危险的尖刺。

身披"铠甲"的包头龙

包头龙身长可达 6 米，它的头和体背上覆盖着厚厚的甲，尾巴上还有一个巨大而沉重的尾锤。遇到危险时，足以用尾锤敲碎袭击者的骨头。

正在浅海边产崽的滑齿龙

滑齿龙是一种肉食性的海洋爬行动物，生活在 1.15 亿年前。它们的四肢就像是船桨一样，让滑齿龙能够在大海里遨游。同时，滑齿龙的嗅觉非常灵敏，即使在水中它也能够嗅到猎物的气息。

没有牙齿的秀尼鱼龙

秀尼鱼龙生活在距今 2 亿年的晚三叠纪时期，是一种长得很像海豚的恐龙。秀尼鱼龙体长 15 米左右，身体重量约等于两只抹香鲸。秀尼鱼龙的食物为鱼类。

有着长长脖子的神河龙

神河龙生活在距今 7 000 万至 6 500 万年的白垩纪晚期，它们的脖子非常长，约 12 米的体长，脖子就能占据一半。如此奇异的身体构造，以至于你可能将其误认为是一条海蛇。

巨无霸沧龙

沧龙生活在 6 600 万年前的白垩纪晚期，它们的体形巨大，最大的沧龙体长可以达到 17 米。沧龙的牙齿十分锋利，是毋庸置疑的海洋巨无霸。

翱翔于天际的鸟类

自由的鸟类

鸟类是生物圈中非常重要的成员，全世界已经发现超过一万种鸟类。大部分鸟类会筑巢用于存放鸟蛋，它们筑巢所用的材料和方式也千差万别。大约有一半的鸟类会进行迁徙，从而寻找适合繁殖和觅食的环境。鸟类的飞行能力各不相同，有的可以飞行 4 万千米，有的只善于在地上奔跑。

生活在南极的企鹅

企鹅是世界上最古老的游禽，它们大多生活在常年被冰雪覆盖的南极洲。企鹅走路一摇一晃慢吞吞的，可爱极了，但是它在海水里的游泳速度却非常快。企鹅是一夫一妻制的鸟类，当企鹅妈妈出去寻找食物时，企鹅爸爸就会担负起孵化企鹅蛋并照顾小企鹅的重任。

天生的猎手——鹰

全世界大概有五十多种鹰，它们个个都拥有锋利的爪牙。除南极洲以外，世界到处都遍布着鹰的身影。它们捕捉兔子、老鼠等猎物，是胃口极好的肉食性动物。

灵巧可爱的银喉长尾山雀

银喉长尾山雀是鸟类的一种，它们行动敏捷，长得小巧可爱，通常栖息在树冠或灌木丛里，主要以昆虫和植物种子作为食物。

建筑大师园丁鸟

生活在新几内亚、澳大利亚的园丁鸟是鸟类中的建筑大师，雄性园丁鸟通过修建美丽的鸟巢——求偶亭来吸引雌鸟。园丁鸟的求偶亭有的甚至会使用数十年，而未成年的雄性园丁鸟还要当很久的建筑专业"学徒"。

大个子鸵鸟

鸵鸟生活在沙漠或草木稀疏地带，它们不能飞行，但具有很强的奔跑能力。鸵鸟凭借其发达的气囊和良好的循环系统，能够在 50 ℃ 的高温中生活。

世界上最小的鸟

蜂鸟是世界上最小的鸟，它的身体可能只比蜜蜂稍大一些。在拍打翅膀时，会发出嗡嗡的声音，就像蜜蜂一样。蜂鸟酷爱吸食花蜜，但偶尔也会捕捉一些体形很小的昆虫来换换口味。

喝奶的哺乳动物

认识了你的鸟类家族，你知道我属于哪一类动物吗？

呃……四脚兽？

是哺乳动物！

对啊，哺乳动物在小时候都会吃母亲的乳汁。

哺乳？你要喝奶吗？

母乳中有丰富的营养和抗体，可以帮助幼崽成长和抵御疾病。

恐怕你只能找妈妈了。

爸爸，我想喝奶。

那你现在还吃母乳吗？

雄性和雌性的哺乳动物都有乳腺，不过雄性的乳腺在幼年时就停止发育了，雌性在产崽后就会分泌乳汁。

当然不了，哺乳动物长大后就会断奶，吃其他食物了。

哺乳动物多种多样，天上飞的、地上跑的、水里游的，都有哺乳动物，它们的体形也能相差上百倍呢！

哇！那我怎么辨别哺乳动物？

如果你仔细观察，会发现多种多样的哺乳动物其实有很多共同特点。

宝宝要在我肚子里待上约 68 天才会降临到这个世界。

羊水
在羊膜内充满了羊水，可以保护胎儿不受外界伤害，提供理想的发育环境。

羊膜
一层薄薄的膜，包裹着胎儿。

脐带
连接胎儿和胎盘的管状结构，用来传输胎儿发育所需的物质。

胎盘
提供胎儿所需的营养物质、氧气和抗体。它是影响胎儿发育的重要内分泌器官。

绝大多数哺乳动物的宝宝要在妈妈的肚子中发育，等发育到一定程度才会出生，这叫作胎生。

自带毛皮大衣和抱枕，超级温暖。

哺乳动物的牙齿有门齿、犬齿、臼齿的分化，可以更好地咀嚼食物。

兔的头骨　　　　　　　狼的头骨

我的尖牙很发达，吃肉很方便。

我的切牙很发达，啃食植物很方便。

除了一些海洋哺乳动物毛发退化了，哺乳动物体表一般都有毛。体毛可以帮助它们保持体温。哺乳动物的体温恒定，是恒温动物。

这样看，身边的哺乳动物好多啊。

哺乳动物之所以样子这么多变，也是因为它们具有适应环境的能力。哺乳动物的外形特征会随着它们栖息地的环境而调整变化。

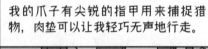

我的爪子有尖锐的指甲用来捕捉猎物，肉垫可以让我轻巧无声地行走。

你的爪子又肥又小，看起来比那只猫的弱多了。

生活在沙漠中的骆驼有着宽大的蹄子，可以防止它陷入沙子。

马的蹄子有着坚硬的胶质结构，适于奔跑和长距离移动。

这样的例子还有很多，到世界各地看看不同的哺乳动物，一定会让你感叹生物的奇妙。

那还等什么，我们出发吧。

栖息在各地的哺乳动物

哺乳动物多种多样，有研究记载的种类就超过了 4 800 种，其中最小的鼩鼱体重只有 3 克，而最大的蓝鲸体重可以达到 177 吨，巨大的差异性令人震惊。哺乳动物依靠超强的环境适应能力分布在整个地球，成为分布范围仅次于鸟类的脊椎动物。

产卵的哺乳动物

针鼹和鸭嘴兽是少数产卵的哺乳动物。雌性鸭嘴兽一般一次产 1～3 枚卵，经过约两周的孵化后，小鸭嘴兽还要再吃三四个月母亲的乳汁，才会开始自己觅食。

高高的长颈鹿

为了够到高处的叶子，长颈鹿进化出了长长的脖子。它所爱吃的金合欢树的树叶含有毒素，长颈鹿也在长期进食这种树叶后对毒素产生了适应性。

嬉戏的赤狐

哺乳动物的幼崽经常打闹、嬉戏，它们可以在这个过程中习得捕猎的本领。

吃素的熊

可爱的熊猫最喜欢吃竹子。其实，它的祖先本来也是肉食动物，但在适应环境的过程中逐渐改为食用更易获取的竹子。

身披铠甲的穿山甲

穿山甲的鳞片间夹杂着毛发，短小的四肢、尖利的爪牙，使它们非常擅长挖洞。

迷你的鼩鼱

小小的鼩鼱还没有成人的手指长，它们捕食蚯蚓等小动物。

会飞的哺乳动物

蝙蝠的前肢很长，指头间有相连的膜，一直连接到身体两侧和尾巴，叫作翼膜。

哺乳动物是与人类关系最紧密的动物。人类圈养牛羊等动物作为食物来源，驯养犬类动物帮助看守家园。此外，很多毛茸茸的哺乳动物也成了人类喜爱的宠物。

混淆视线的斑马

斑马拥有黑白相间的条纹，这虽然让一匹斑马十分醒目，但当一群斑马聚集在一起时，这种条纹就很容易迷惑捕猎者，让它们不知所措。

成群的鬣狗

鬣狗以群体配合的方式捕猎，这让它们可以捕捉比自己体积大得多的食草动物。

袋中养娃的袋鼠

有袋类动物是哺乳动物中较为特殊的一类，最有代表性的就是袋鼠和树袋熊。比如袋鼠妈妈没有胎盘，所以宝宝出生时还没有充分发育。因此，袋鼠妈妈会把宝宝放在育儿袋中保护起来。

鲸目动物

蓝鲸的祖先在 5 000 万年前也是陆生动物，后来，它们完全适应了水中的生活，将四肢演化为鳍。蓝鲸的嘴中有流苏似的鲸须，让它可以过滤水中的食物。

外毛

绒毛

脂肪

保暖的技能

生活在极地的北极熊称得上是最会保暖的动物。它有着内部中空、又粗又长的外毛，可以隔热、防水。在外毛下还有细密的绒毛，使北极熊在寒冷的极地也能生存下去。